はしがき

　外国人技能実習制度は、開発途上国等の青壮年労働者を日本に受け入れ、日本の産業・職業上の技能・技術・知識の移転を通じ、それぞれの国の経済発展を担う「人づくり」に協力することを目的としています。農業分野においても、国際協力・国際貢献に役立ちながら、農業・農村の高齢化、労働力不足などに対応し、わが国農業の発展に資する仕組みとして活用されています。

　こうした中、一般社団法人全国農業会議所が実施する「農業技能実習評価試験」の受検者数は、制度創設以来増加傾向にあります。

　これに伴い、監理団体や技能実習生からの要望に応え、全国農業会議所では、平成26年に本テキストを作製いたしました。その後、平成31年、令和6年に改訂を行い、内容を新しくしています。

　今回の改訂では、試験項目の採卵鶏を中心に畜産の新しい情報・技術・機器などを追加したほか、近年、畜産の伝染病対策が大きく変わってきていることから「農場の衛生管理」の内容を大幅に加筆し、詳しく解説しています。また、技能実習生が安全に作業を行うために「農場の安全管理」の内容も充実しました。

　本テキスト一冊で、初級から上級までの学科試験・実技試験の内容を系統的に学ぶことができます。専門級・上級の受検者は、「専門級・上級」の内容・項目を併せて学習してください。初級の受検者は、この部分を飛ばして結構です。

　テキストは、技能実習生に知って欲しい知識をわかりやすく整理しています。可能な限り簡易な表現を心がけ、写真やイラストを多く使い、目で見て理解できるように工夫してあります。本テキストが技能実習生の学習の一助になり活用されることを期待します。

　テキストの改訂にあたっては、長野県畜産試験場の吉田宮雄元場長、長野県畜産試験場の水流正裕養豚養鶏部長、元岡山県立高等学校教諭の南高夫氏、全国家畜衛生職員会、千葉県畜産協会の薫田耕平氏など多数の方に協力いただきましたことを深く感謝申し上げます。

一般社団法人 全国農業会議所

目次

1 日本農業一般

1 日本の地理・気候 ……………… 4
2 日本の作物栽培・畜産 ………… 5
3 知的財産権 ……………………… 7

2 鶏卵生産（採卵鶏）の特徴

1 採卵鶏の品種 …………………… 8
2 採卵鶏のライフサイクル ……… 9
3 採卵鶏の飼養規模と経営の形 … 9
4 飼料とその生産・購入・給与の
　形態 ………………………………… 10
　確認問題 …………………………… 11

3 鶏肉生産（肉用若鶏（ブロイラー）・地鶏）の特徴

1 肉用鶏の品種 …………………… 13
2 肉用鶏のライフサイクル ……… 13
3 肉用若鶏（ブロイラー）の飼養規模
　と経営の形 ……………………… 14
4 飼料とその生産・購入・給与の
　形態 ………………………………… 15
5 飼育方式 …………………………… 15

4 採卵鶏と飼料に関する基礎知識

1 採卵鶏の飼い方と施設・設備 …… 16
2 消化器の構造と飼料の消化
　・吸収 …………………………… 19
3 採卵鶏の飼料（成長期の養分の要
　求量、配合飼料の濃度と給与量）
　専門級・上級 … 22
4 種卵の採取とふ化
　専門級・上級 … 24
5 採卵鶏ひなの成長 ……………… 27
6 採卵鶏の産卵と成鶏期の管理 …… 32
7 鶏卵の構造と品質 ……………… 35
8 鶏の疾病 ………………………… 37
9 鳥インフルエンザとその防御
　専門級・上級 … 40
10 鶏糞処理の方法 ………………… 41
11 飼育計画と能力の評価
　専門級・上級 … 41
　確認問題 ………………………… 43

5 日常の採卵鶏の管理作業

1 育すう期の管理 ･････････････ 45

2 給餌器と給水器の管理
　　　専門級・上級 ･･･ 45

3 ビークトリーミング（断嘴・
　　デビーク）の方法
　　　専門級・上級 ･･･ 47

4 体重測定 **専門級・上級** ･･････ 48

5 飼料の受け入れ、保管や取り扱い
　　における注意 **専門級・上級** ･･･ 48

6 暑熱時の管理 ･････････････ 49

7 寒冷時の管理 ･････････････ 50

8 健康管理 ･･･････････････････ 50

9 集卵から出荷 ･･･････････････ 50

10 施設・設備などの保守
　　・衛生管理 ････････････････ 51
　　確認問題 ･････････････････ 53

6 農場の衛生管理

1 日本と世界の伝染病の状況 ･･････ 55

2 飼養衛生管理基準 ･･･････････ 56

3 伝染病対策のポイント ･･････････ 60

4 消毒 ･･････････････････････ 62

7 農場の安全管理

1 安全な農業機械の使い方 ･･････ 65

2 電源、燃料油の扱い ･･････････ 67

3 整理・整頓 ･･･････････････････ 68
　　確認問題 ･･･････････････････ 69

8 管理作業と家畜の観察の要点（実技試験のために）････････ 71

9 用語集 ･････････････････････････････････････ 72

1 日本農業一般

1 日本の地理・気候

日本は、ユーラシア大陸の東にある島国です。

日本列島は、南北に長いです。

北海道、本州、四国、九州の4つの大きな島とたくさんの小さな島があります。

日本は山が多く、農地が少ないです。

農地の約半分は水田で、残りの半分は畑です。

専門級・上級

日本の総面積は約37.8万km²です。

北の北海道から南の沖縄県まで、約2,500kmあります。

日本の土地の約73％は山地です。

農地は約432万 ha で、総面積の約12％です。

日本の食料自給率（カロリーベース）は38％です（2021年度）。

日本は、ほとんどが温帯気候です。

春・夏・秋・冬の4つの季節「四季」があります。

夏の季節風は南東の風で、冬の季節風は北西の風です。

北海道を除き、6月から7月にかけて、長雨が降る「梅雨」の季節があります。

7月から10月にかけて、台風が日本を通ります。

❶ 日本農業一般

■ 専門級・上級

北海道は亜寒帯気候で、冬の寒さが厳しいです。梅雨はありません。

沖縄は亜熱帯気候で、1年中気温が高いです。

瀬戸内海沿岸地域は雨が少なく、暖かい気候です。

冬には季節風の影響で、日本海側では雪が降りやすく、太平洋側では乾燥した晴れの日が続きます。

---

2 日本の作物栽培・畜産

（1）稲作

稲作とは、イネの栽培のことです。

イネの実からもみ殻をとったものがコメ（米）です。コメは日本人の主食です。

イネは、品種改良、栽培管理（栽培法）の進歩によって、日本全国で栽培されています。

収量の多い品種よりも、味の良い品種の作付けが広がっています。

日本人のコメの消費量は減り続けています。

家畜のエサにする飼料用米、米粉などにする加工用米の栽培も行われています。

日本の稲作は、苗を育て田植えをするのが一般的です。

耕うん、田植え、収穫（稲刈り）、脱穀・調製などの稲作作業は、機械化されています。

■ 専門級・上級

コメの産出額は約1兆4千億円で、農業産出額の約16%です（2021年度）。

代表的なコメの品種はコシヒカリで、作付面積は1979年以降連続第1位です。

コメの1人当たり年間消費量は、118kg（1962年度）をピークに、約50.8kg（2020年度）に減っています。

種もみを田に直接播種する直播栽培は、ごくわずかです。

機械化一貫体系が確立され、年間労働時間は10a当たり約22時間です。

5

（2）野菜

野菜は、露地栽培のほか、ハウスなどを利用した施設栽培が盛んです。

根や地下茎を利用する根菜類、葉や茎を利用する葉茎菜類、果実を利用する果菜類があります。

日本で産出額の多い野菜は、トマト、イチゴ、キュウリです。

品種改良や栽培技術の改良で、品質の良い野菜が生産されています。

また、施設栽培や被覆資材の普及で、同じ種類の野菜が1年を通して生産されています。これを周年栽培といいます。

野菜は、ミネラル、食物繊維、カロテン、ビタミン類などの栄養が豊富です。

がん などの病気を予防する野菜の機能性が注目されています。

専門級・上級

野菜の産出額は約2兆1千億円で、農業産出額の約24％です（2021年度）。

日本では、北と南の気候の違い、高地と平地の標高の違いを利用し、同じ種類の野菜を産地を変えながら、年間を通して供給しています。

日本原産の野菜は、ウド、ミツバ、ミョウガなど10数種類です。

トマト、キャベツ、ハクサイ、タマネギなどの野菜は、明治時代以降に外国（日本国外）から導入されたものです。

（3）果樹

日本の果樹には、冬にも葉が付いている常緑果樹と冬に葉が落ちる落葉果樹があります。

常緑果樹は、ウンシュウミカンなどのカンキツ類、ビワなどです。

落葉果樹は、リンゴ、ブドウ、ナシ、モモ、カキなどです。

日本で産出額が多い果樹は、ウンシュウミカン、リンゴ、ブドウ、ナシ、モモ、カキです。

リンゴは涼しい地域、ウンシュウミカンは暖かい地域で栽培されています。

❶ 日本農業一般

> **■ 専門級・上級**
> 　果樹の産出額は約9,200億円で、農業産出額の約10％です（2021年度）。
> 　果樹の果実は、ビタミン類、ポリフェノール類、食物繊維、ミネラルが多く含まれており、健康維持や病気予防などの機能性が注目されています。
> 　果樹では高品質の品種が育成されるとともに、施設栽培やわい化栽培など新しい技術が導入されています。

（4）畜産

　日本の家畜は、主に牛、豚、鶏の３つです。

　牛には、肉にする肉用牛と乳をしぼる乳用牛があります。

　鶏には、採卵鶏（卵用）とブロイラー（肉用）があります。

　１戸当たりの飼養規模は、牛、豚、鶏いずれも大幅に増加し、規模拡大が進んでいます。

　トウモロコシなどの飼料は、外国からの輸入に頼っています。

> **■ 専門級・上級**
> 　畜産の産出額は約３兆４千億円で、農業産出額の約39％です（2021年度）。
> 　牛や豚の経営のタイプは、次の３つです。
> 　・繁殖経営：子牛・子豚を産ませる
> 　・肥育経営：子牛・子豚を大きく育てる
> 　・一貫経営：繁殖から肥育まですべて行う
> 　日本の飼料自給率は約26％です（2021年度）。
> 　トウモロコシなど濃厚飼料の自給率は13％、粗飼料の自給率は76％です。

３ 知的財産権

　新しい品種や栽培方法などの技術や農産物の商標など、農業においても知的財産権が生じます。登録されている品種などは、育成者の許可なく増やすことはできません。また、許可なく、海外に持ち出すこともできません。

　畜産においても同様です。和牛の精液や受精卵など、海外に持ち出すことが禁止されているものもあります。

2 鶏卵生産（採卵鶏）の特徴

1 採卵鶏の品種

卵を生産するために改良された鶏を卵用種といいます。

日本で飼育されている主な卵用種が次の表です。これらの鶏は就巣性（卵を抱く特性）をなくすことによって、産卵の能力を高めるように改良されました。また、現在、日本で飼育されている採卵鶏の多くは、これらの品種をもとに外国（日本国外）のメーカーが開発した鶏（コマーシャル鶏）です。

品　種	特　徴
白色レグホン種	・単冠 ・羽毛が白い ・産卵性が良い ・白色卵 ・原産国はイタリア
ロードアイランドレッド種	・単冠 ・羽毛は褐色 ・産卵性が良い ・褐色卵（赤玉） ・原産国はアメリカ

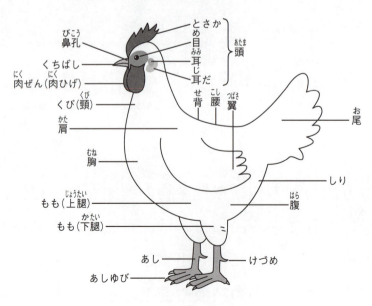

鶏の身体各部の名称

8

2 採卵鶏のライフサイクル

鶏はだいじに飼育すると、5年から15年生きます。鶏卵生産を経済的にみた場合の採卵鶏のライフサイクルを下の図に示しています。

① 鶏の種卵（有精卵）は、適切な温度と湿度のもとで温めると、21日目にふ化しひなが誕生します。

② この雌ひなは、約150日で成鶏（おとな）になり、卵を産み始めます（産卵開始）。

③ 生後210日頃に最もたくさんの卵を産むようになります（産卵のピーク）。

④ 1年から1年半ほど卵を産みますが、だんだん卵を産まなくなります。その後、加工肉として出荷（廃鶏）します。

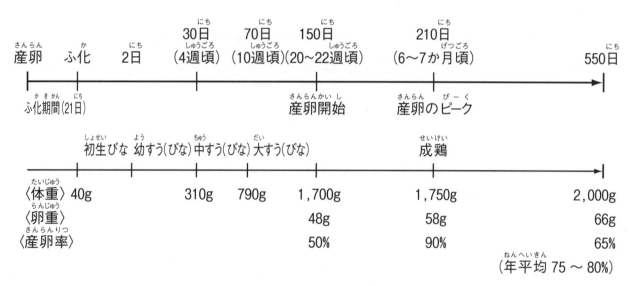

採卵鶏のライフサイクル

3 採卵鶏の飼養規模と経営の形

鶏を飼育して、卵や肉などを生産する農業を養鶏といいます。このうち、卵を生産する養鶏を採卵鶏経営といいます。

（1）採卵鶏の飼養規模

2022年2月1日現在、成鶏雌の飼養羽数は1億2,338万羽です。ここ20年間で大きな変化はありません。採卵鶏の飼養戸数は1,760戸で、小規模層を中心に毎年減少しています。

採卵鶏経営は農家経営が75%、会社経営が25%です。

成鶏雌の飼養戸数のうち、10万羽以上の大規模な飼養戸数は20%と少ないですが、飼養羽数では全体の80%を飼育しています。

（2）経営の形

経営の形は、育すう（ひなを育てること（育成））を育すう業者にまかせて、中すう（中びな）や大すう（大びな）を導入し、成鶏の管理を中心に経営を行う経営が多いです。

育すうから成鶏まで一貫して自分の農場で管理する経営もあります。

4 飼料とその生産・購入・給与の形態

採卵鶏の飼育は、成長過程や用途に合わせた配合飼料を使用しています。育成中は、餌付け用飼料、幼すう用飼料、中すう用飼料、大すう用飼料で、産卵開始時になると、成鶏用飼料で飼育します。

配合飼料は、いくつかの原材料を調合して作られた市販の配合飼料を使用しています。主な原材料のトウモロコシやマイロ、大豆かすは、そのほとんどを外国から輸入しています。

飼料メーカーの製品に頼らずに、自分で飼料原料を購入し、養鶏場用に開発した配合飼料を自家配合飼料といいます。また、自分で配合しないで、飼料メーカーに配合を依頼したものを指定配合飼料といいます。

成鶏用の配合飼料には、エネルギー源として穀類のトウモロコシやマイロなどが最も多く含まれます。次いで、タンパク源として大豆かすや魚粉などが含まれます。そのほか、無機物（ミネラル）・ビタミン類が含まれます。

配合割合、原材料、成分などは鶏の品種や日齢、飼育環境によって変わってきます。

確認問題

以下の問題について、
正しい場合は○、間違っている場合は×で答えなさい。

1. 白色レグホン種は卵用種です。 　　　　　　　　　　　（　　　　）

2. ロードアイランドレッド種は、羽毛が白色の鶏です。 （　　　　）

3. おとなの鶏を成鶏といいます。 　　　　　　　　　　　（　　　　）

4. 採卵鶏は、生後約60日から卵を産み始めます。 　　（　　　　）

5. 採卵鶏の産卵ピークは、生後約210日です。 　　　　（　　　　）

6. 日本の採卵鶏の飼養戸数は、毎年増加しています。 （　　　　）

7. 日本の採卵鶏の80％が、飼育羽数1万羽以下の農家で
   飼育されています。 　　　　　　　　　　　　　　　　（　　　　）

8. 鶏の飼料原料のトウモロコシは、日本で生産したものが
   多いです。 　　　　　　　　　　　　　　　　　　　　（　　　　）

9. 育すうは、鶏のひなを成鶏に育てることです。 　　　（　　　　）

10. 鶏の飼育では、育成過程に合わせて配合飼料を変えます。（　　　　）

11

＝解答＝

1. ○

2. ×（ロードアイランドレッド種は、羽毛が褐色の鶏です）

3. ○

4. ×（採卵鶏は、生後約150日から卵を産み始めます）

5. ○

6. ×（日本の採卵鶏の飼養戸数は、毎年減少しています）

7. ×（日本の採卵鶏の80％が、飼育羽数10万羽以上の農家で
　　飼育されています）

8. ×（鶏の飼料原料のトウモロコシは、ほとんど外国から輸入しています）

9. ○

10. ○

3 鶏肉生産（肉用若鶏（ブロイラー）・地鶏）の特徴

1 肉用鶏の品種

肉を生産するために改良された鶏を肉用種といいます。

日本で飼育されている主な肉用種が下の表です。

肉用鶏は、成長が早く短い期間で出荷できるように、高度に改良された肉用若鶏（ブロイラー）が85％以上を占めています。

現在、日本で飼育されている肉用若鶏（ブロイラー）の多くは、これらの品種をもとに日本国外のメーカーが開発した鶏（コマーシャル鶏）です。

品種	特徴
白色コーニッシュ種 	・ブロイラーの雄系統に利用される品種 ・産肉性が良い ・単冠 ・羽毛は白色
白色プリマスロック種 	・卵肉兼用の黄斑プリマスロック種から改良した肉用種 ・ブロイラーの雌系統に利用される品種 ・単冠 ・羽毛は白色
日本の在来種 軍鶏（雄）  名古屋（雌） 	・日本で古くから飼育されている品種 ・卵肉兼用として使われる品種もある ・生産性の高い品種と交配して、地鶏などとして流通しているものが多い

2 肉用鶏のライフサイクル

食肉用の肉用若鶏（ブロイラー）のライフサイクルを次の図に示しています。

ひなは、ふ化後、約6～7週間飼育され、体重約3.0kgで出荷されます。

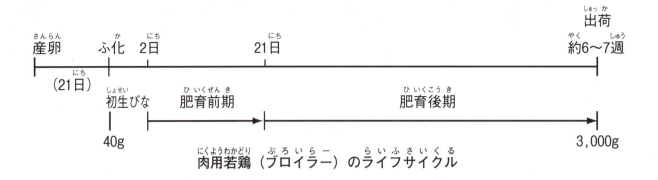

肉用若鶏（ブロイラー）のライフサイクル

　地鶏の場合は、75日以上の飼育期間が必要です。うま味や歯ごたえを出すために、4～5か月飼育して出荷するものが多いです。

3 肉用若鶏（ブロイラー）の飼養規模と経営の形

　肉を生産する養鶏を肉用鶏経営といいます。

（1）肉用若鶏（ブロイラー）の飼養規模

　2022年2月1日現在、肉用鶏の飼養羽数は1億3,923万羽で、1年間に7億1,193万羽が出荷されています。肉用鶏の飼養戸数は2,100戸、1戸当たりの飼養羽数は6万6,300羽となっています。

　1戸当たりの飼養羽数は年々増加しており、より効率的な経営を目指して規模拡大が進んでいます。

（2）経営の形

　ブロイラーの多くは、総合商社や農協・個人が中心となって、飼育から処理・流通にいたる全段階を系列化（インテグレーション）し、農家には契約飼育をしてもらうという方式を行っています。

　また、スーパーマーケットなど量販店の急成長で、流通業者がブロイラーの生産を行い、全体を系列下におく方式もみられます。

ブロイラー飼育場

❸ 鶏肉生産(肉用若鶏（ブロイラー）・地鶏)の特徴

4 飼料とその生産・購入・給与の形態

　ブロイラーの飼育は、成長過程に合わせた配合飼料を使用します。餌付け用飼料、前期用飼料、後期用飼料で飼育し、出荷1週間前になると、抗生剤などの入らない飼料で飼育します。

　配合飼料は、いくつかの原材料を調合して作られた市販の配合飼料を使用している場合がほとんどです。飼料メーカーからは、さまざまな配合製品が販売されています。

　ブロイラー用の配合飼料には、エネルギー源として穀類のトウモロコシやマイロなどが最も多く含まれます。次いで、タンパク源として大豆かすや魚粉などが含まれます。そのほか、無機物（ミネラル）・ビタミン類が含まれています。配合割合、原材料、成分などは、鶏の品種や日齢、飼育環境によって変わってきます。

5 飼育方式

　飼育方式は、主に床の上で平面飼育する平飼い方式が一般的です。群の管理に適しており、機械化もしやすいことからブロイラーの標準的な飼育方法になります。

　しかし、生産量を多くするために、飼育密度が高くなる傾向があり、鶏の健康管理には十分注意しなくてはなりません。

4 採卵鶏と飼料に関する基礎知識

1 採卵鶏の飼い方と施設・設備

(1) 飼い方

　採卵鶏の飼い方は、ケージに入れて鶏舎内で飼育するケージ飼育方式と、周囲を網などで囲って放し飼いにしたり、鶏舎内の床の上で飼育したりする平飼い方式に分けられます。大部分は、ケージ飼育方式です。

ケージ飼育方式

平飼い方式

① ケージ飼育方式

　ケージ飼育方式は、1つのケージに1羽ずつ入れて飼育する単飼ケージと、2羽以上入れる複飼ケージがあります。土や床面の糞から離れているので、糞から伝染する病気に感染することは少ないです。ふつう、ケージは何段にも積み重ねるので、飼育密度を高くでき経済的に有利です。しかし、鶏の健康への悪影響に配慮が必要です。

② 平飼い方式

　平飼い方式は、土や床面をある程度自由に動きまわれるため、鶏の本来の行動にあった飼育方法です。
　しかし、集団となった鶏は、くちばしで相手をつついたり、高く飛び上がってけづめで相手をけったりする攻撃行動をとります。これは個体間の順位を決める本能的な行動で、これによって群の社会生活が保たれます。これ

をペックオーダーといいます。

　また、せまい場所や高温・多湿などの環境下であったり、栄養素が不足したりすると、鶏はつつきあいや相手の尻をつつく（尻つつき）行動を起こします。はげしいときは相手を殺してしまうこともあり、放置しておくと群全体に広がることもあります。これをカンニバリズムといいます。

　衛生的には、床の糞に直接触れるため、糞から直接伝染する病気に感染することも多いです。そのため、平飼い方式は大羽数の飼育には適しません。

（2）鶏舎様式

　鶏舎様式には、開放型鶏舎と、ウインドウレス（無窓型）鶏舎があり、特徴は次のとおりです。

開放型鶏舎	ウインドウレス（無窓型）鶏舎
・鶏舎内に太陽光が直接入り込む ・鶏舎と外部を窓やカーテンで仕切っている ・気温、風雨、太陽光線などの外部環境の変化を直接受けやすい	・鶏舎に窓がなく、太陽光が入らない ・壁と天井（屋根）には断熱材を使っている ・光線管理は電灯で、換気は換気扇で行う ・開放型鶏舎よりも高い密度の飼育ができるため、機械化がしやすい。大規模な養鶏場に向いている

（3）鶏舎の設備・機器 専門級・上級

　大羽数を飼育する大規模な養鶏場では、飼料給与、給水、集卵、除糞が機械化され、さまざまなところで自動化が進んでいます。

	ケージ飼育方式	平飼い飼育方式
給餌器	・樋型の給餌器を設置 ・自走式配餌車や、給餌量や時間を設定できる自動給餌器がある	・丸形の給餌器を設置 ・手作業による飼料給与（手給餌）や、ホッパーからの自動給餌が一般的である
給水器	・樋型の給水器やニップルドリンカー（小型の給水器）を設置	・樋型の給水器、ニップルドリンカー、吊り下げ式のベル型給水器を設置
自動集卵器	・卵受けの部分に網状のベルトを走らせ、卵を受けてコンベアで自動的に集卵場まで運搬するものが多い	・産卵箱の床に傾斜をもたせ、卵をベルトの上に転がして、自動で集卵することができる
自動除糞器	・スクレーパー式（集糞板をワイヤーロープで引いて糞を片側に集める方法）と、ベルトコンベアー式（ベルトコンベアー状に回転するネットをケージ下に設置する方法）がある	・フロントローダー式（床面の糞を集積する方法）がある
チックガード		・ひなの行動範囲を制限する高さ30cm程度の囲い（長尺トタン） ・敷料、温源、給餌器、給水器を配置 ・平飼いの育すうで多く使用される
チックプレート（餌付け用給餌箱）	・平たい縁の浅い餌箱 ・初生びなの餌付け用で使用される	

18

2 消化器の構造と飼料の消化・吸収
(1) 必要な栄養素
　鶏は、タンパク質、脂肪、炭水化物、ビタミン、無機物（ミネラル）などの栄養素を飼料から摂取し、体の成長・維持や卵の生産に使っています。これらの栄養素が不足しないように飼料を給与することが大切です。
　飼育に必要な栄養素の量を示したものが日本飼養標準です。

(2) 消化器の構造
　消化器の構造は次の図のとおりです。

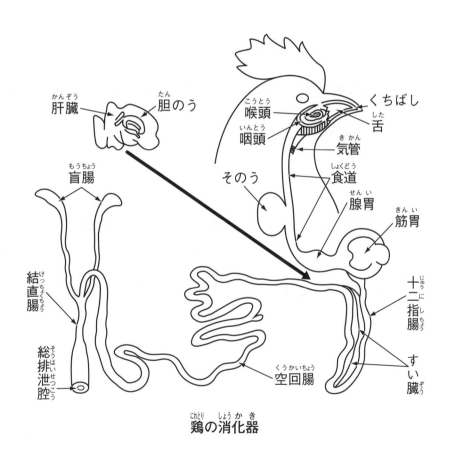

鶏の消化器

(3) 消化器の特徴
① くちばし
　鶏の口には、歯がありません。くちばしで飼料をつついて飲み込みます。先端が角質化してかたく、穀物の実や地上・地中の虫類をつついたり、食べたり、よけたりするのに適した形をしています。

② そのう

　そのうは、食道の途中にあり、飼料を一時たくわえる働きをもち、飼料を
やわらかくします。

③ 胃

　胃は、腺胃と、筋胃があります。腺胃は、胃酸と消化液を分泌します。筋
胃は、強い筋肉の収縮運動で飼料をすりつぶします。放し飼いにされた鶏は
小石（グリッド）をついばみ、これを筋胃にたくわえ、穀類の実など固い飼
料をすりつぶすのに役立てます。
　採卵鶏用の配合飼料には、グリッドを配合している場合があります。トウ
モロコシを中心とした粒状の飼料であれば、小石を与える必要はありません
が、もみ殻つきの穀類の実などを与える場合は、小石を与える必要があり
ます。

④ 腸管

　摂取された飼料は消化管（主に小腸）で消化・吸収されます。小腸はほか
の家畜に比べて長さが短く、容積が小さいです。そのため、飼料は短時間に
腸管を通過して排泄されます。配合飼料では、採食後2.5時間で排泄が始り、
7時間で全部排泄されます。

⑤ 盲腸

　盲腸は、一対（2本）あって、飼料の一部を取り込み長時間とどめ、十分
消化吸収した後に排泄します。この糞は、褐色で粘度が高く、1日に4～5
回排泄され悪臭が強いです。

⑥ 結腸・直腸

　結腸と直腸は、きわめて短いです。糞は、いったん総排泄腔にたくわえら
れ、尿と一緒に排泄されます。

(4) 飼料の種類と特徴

鶏は繊維の消化力が弱いので、飼料は炭水化物やタンパク質を多く含んだ消化の良い濃厚飼料が中心となります。鶏は、給与された濃厚飼料から卵や肉などを生産する能力が、牛や豚に比べて高いです。

① 穀類

養鶏飼料に最も多く含まれるのは、トウモロコシやマイロなどです。

主にエネルギー源として用いられます。とくに、トウモロコシは養鶏飼料原料としては最も重要なものの1つです。

トウモロコシ

② 植物油かす

大豆や綿実などから油をしぼったかすで、大豆かすや綿実かす、なたねかすなどがあります。

主にタンパク源として用いられます。しかし、タンパク質を構成するアミノ酸のうち、メチオニンが不足しているので、魚粉と組み合わせて利用されます。

大豆かす

③ ぬか類

米ぬかやふすま（麦ぬか）などがあります。

エネルギーや無機物（ミネラル）、ビタミンなどの栄養素を補給するため、穀類と植物油かすに加えて利用されています。

④ 動物性タンパク質源

動物性タンパク質源の魚粉はアミノ酸のバランスが良く、とくに、リジンとメチオニンが豊富で、飼料原料として欠かせません。

しかし、使用量が多くなりすぎると、卵に匂いがつきます。

⑤　その他の飼料原料

・青菜、牧草、野草などは緑餌といいます。市販のアルファルファミールは、緑餌としてのビタミンやキサントフィルを含み、卵黄色を濃くするために、よく利用されます。濃い卵黄色の卵を生産するために、パプリカなどを入れることもあります。

・採卵鶏は、殻の成分となるカルシウムやリンの補給も大切です。牡蠣などの貝殻や炭酸カルシウム、リン酸カルシウムなどが、無機物（ミネラル）として利用されます。また、食塩は必ず与えます。

・不足しやすいアミノ酸、とくに、リジンやメチオニンを加えます。

3 採卵鶏の飼料（成長期の養分の要求量、配合飼料の濃度と給与量）

専門級 ・ 上級

（1）養分の要求量

　鶏の配合飼料は、エネルギー、タンパク質、無機物（ミネラル）、ビタミンなどのすべての栄養素を含んだ動物性、植物性、鉱物性物質により構成されています。

　飼料中の養分は、消化吸収される部分と、不消化の部分に分かれます。消化吸収された養分は、さらに、鶏体に利用されるものと、利用されないものに分かれます。そのうち、鶏体に利用されるものは、鶏体の維持、成長、卵の生産に用いられ、余りは脂肪として蓄積されます。

　鶏は、養分のうちエネルギーを優先して摂取するので、飼料の摂取量は、エネルギーの摂取量によって決まります。そのため、そのほかの養分はその摂取量の範囲内で極端な過不足が生じないような量を含有していなければなりません。

　このことを考えて、鶏の養分要求量を満たすことのできる飼料の養分含有量（率）を示したのが日本飼養標準です。流通している飼料の多くは、日本飼養標準に基づいて配合されています。

❹ 採卵鶏と飼料に関する基礎知識

鶏の各時期の飼料に求められる養分含有量

時　　期	粗タンパク質（CP）%	代謝エネルギー（ME）kcal/kg
幼すう期（0〜4週齢）	19	2,900
中すう期（4〜10週齢）	16	2,800
大すう期（10週齢〜初産）	13	2,700
産卵前期（成鶏）（初産〜60週齢）	15.5	2,800
産卵後期（成鶏）（60週齢以降）	14.3	2,800

（日本飼養標準　参考）

幼すう用

中すう〜大すう用

成鶏用

鶏の飼料

（2）配合飼料の濃度と給与量
① 市販配合飼料の割合と形状

　採卵鶏は、市販の配合飼料を給与されているものが一般的です。
　育成期には成長段階に合わせた配合飼料が、成鶏期には産卵期間に応じた配合飼料が市販されています。市販配合飼料は、粗タンパク質（CP）、代謝エネルギー（ME）がやや高めに設定されています。配合割合だけでなく、飼料形状も採食性、消化性が工夫されているものが多いです。原料を粉砕したマッシュ、マッシュを粒状に固めたペレット、ペレットを荒挽きしたクランブルなどがあります。
　ペレット飼料は熱や圧力をかけて作られ、マッシュより消化が良くなります。また、特定の原料を食べ残すことも防ぐことができます。

23

幼すう用飼料は粒形が小さく、成長にしたがい、粒形が大きなものを食べられるようになります。ペレットでは粒が大きく食べにくい場合は、ペレットを砕いてクランブルにします。

マッシュ

ペレット

クランブル

② 飼料の給与量

一般的に、育成期の餌付け用飼料は自由採食、幼すう用飼料は採食量35g／日まで自由採食とします。

その後は、中すう用飼料から大すう用飼料へと、体重をみて切り替えていきます。そして、鶏種の標準体重に近づけるように鶏種のマニュアルにしたがって飼料給与を行います。

成鶏期（産卵期間中）の成鶏用飼料の給与量は、鶏種にもよりますが、110g／日を目標としたマニュアルが一般的です。配合飼料によっては、産卵期間前期飼料と産卵期間後期飼料に分けて給与する方法もあります。また、季節により配合割合を変えたものもあります。

4 種卵の採取とふ化 　専門級・上級
（1）種卵の採取

食用にしている卵の多くは無精卵です。卵をふ化させるためには、種卵（受精卵）が必要です。

種卵は、雌と雄の交配で得られます。平飼いでは自然に交尾が行われ、雄1羽に対して雌10〜15羽の割合でグループ飼育し、種卵を得ます。ケージ飼育では、人工授精を行うこともあります。種卵は、交尾後3日目頃から産卵され、1回の受精で約10日間産卵されます。

種卵は形が正常で、大きさが54〜65gのきれいなものを選択します。消毒を行い鈍端を上にして、温度15〜20℃、湿度40〜70％の場所に貯卵します。貯卵期間は1週間以内が良く、その後は、しだいにふ化率が低下します。

ふ卵器の卵座にならべられた種卵

（2）ふ化

① ふ化の進み方

種卵にふ化に適した温度（37.8℃）と湿度（60％）を与えると、胚が発育します。まず、胚盤が大きくなり、神経や血管が形成されます。次に、骨格、脳、呼吸器、循環器などが形成されます。21日目に卵殻をくちばしの先（破殻歯）で破り、頭部とあしで卵殻を押し破り、ふ化します。

② ふ卵器の種類

実用鶏は、すべてふ卵器（インキュベーター）で人工ふ化を行っています。ふ卵器は、平面式と、立体式があり、平面式は小型のものが多く、実験的な場合に使用されます。立体式は大型で、数万個を収容できるものもあります。

③ ふ化前の作業

ふ卵器は、使用前に清掃、水洗、消毒をし、温度・湿度調節器を点検しておきます。種卵は逆性せっけん、フェノール系消毒剤などで消毒をします。

④　ふ化中の管理

　種卵を卵座やトレイの上に鈍端を上にしてならべ、品種や系統がわかるように印をつけて、ふ化を開始します。この期間は換気を行い、卵に新鮮な空気を送ります。また、卵の中の胚が卵殻膜に癒着しないように卵を回転させる転卵を行います。転卵は自動で行うことが多く、入卵の翌日から入卵後18日まで、1日に10～20回行います。

⑤　検卵

　無精卵や発育を中止した卵を取り除く作業を検卵といいます。正常な卵は、入卵後7日程度で血管などが見えてくるため、入卵後7日目に行う場合が多いです。検卵は、暗い部屋で電光検卵器で卵の鈍端に光を当てて、卵の内部のようすを検査します。その後、15～16日目と18日目にも検卵します。

検卵作業

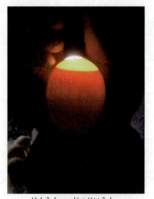
検卵（受精卵）

⑥　初生びなの雌雄鑑別と出荷

　ふ化して間もないひなを初生びなといいます。

　ふ化したひなは、ひな室に移され、雌雄鑑別が行われます。ひなの雌雄鑑別は、総排泄腔の形により雌雄を見分ける肛門鑑別法と、羽毛やあしの色、主翼羽の成長速度の差によって雌雄を区別する羽毛鑑別法があります。現在は、羽毛鑑別法が広く行われています。

　選別された雌ひなには、ワクチンが接種され、養鶏場に出荷されます。ビークトリーミング（断嘴・デビーク）が行われて、出荷される場合もあります。

5 採卵鶏ひなの成長

将来、採卵鶏として利用する目的で、ひなを育てること（育成）を育すうといいます。餌付けから産卵までの期間を育すう期といい、次の3段階に分けています。

幼すう（幼びな）期	0～4週齢
中すう（中びな）期	4～10週齢
大すう（大びな）期	10～20週齢、産卵開始まで

育すうでは、ひなにとって最適な環境条件を作り、丈夫に育てることが管理の基本です。また、病気の発生予防のため、ワクチネーションなどの衛生管理も計画的に実施することが大切です。

丈夫なひな

虚弱なひな

（1）育すう方法　専門級・上級

① 箱型育すう器による方法

箱型育すう器は、木製の箱に温源部をつけた最も初歩的な設備です。50～100羽程度の育成に適しています。

② バタリー育すう法

バタリー育すう器は、場所をとらず、比較的大羽数のひなの育すうに適した設備です。温源部と床が金網などでできた飼育かごが積み重なった構造をしています。発育とともに

バタリー育すう器

中すうケージ、大すうケージに移して飼育します。費用はかかりませんが、冬季に給温が均一になりにくいことがあります。

③ 平飼い育すう法

平飼い育すう法は、室内の床の上で育すうする方法です。床やケージの下に配管した温水パイプで加温（床暖房）したり、温風で育すう舎全体を温めたりします。傘型育すう器を用いた保温をすることもあります。

大羽数飼育に適し、大すうケージあるいは直接、成鶏ケージに収容するまで飼育します。温度が均一で、消毒などの作業は省力的ですが、費用がかかります。

（2）幼すう期の管理 専門級 ・ 上級

① 入すう（ひなの受け入れ）

初生びなは、ふ化して養鶏場に到着するまで相当の時間を要します。そのため、到着したらすぐに水を与え、しばらく暗い室内で安静を保ち体力を回復させます。

育すう器は、バタリー式、平飼い式傘型育すう器（チックガード使用）、床面給温（チックガード使用）のいずれにおいても、あらかじめ32～35℃程度に温めておき、湿度65％前後に調整します。ひなの状態をよく観察しながら育すう器の中へ収容します。これを入すうといいます。このとき、もし虚弱なものがいれば淘汰します。チックガードの中で幼すうを給温しながら飼育します。

② 餌付け

初生びなは、体内に卵黄が残っています。餌付けの時間は、この卵黄が大部分消化された頃が良く、ふ化後25～60時間が目安ですが、実際にはふ化場で餌付け時刻を指示している場合が多いです。

入すうしたら、幼すう用飼料を水で固練りにして、育すう器給温部の床にチックプレートを置き、その上に飼料を置き、採食させます。これを餌付け

4 採卵鶏と飼料に関する基礎知識

といいます。
　餌付け回数は、餌付け開始後3日間は1日5〜6回、その後は、回数を減らし、1日4回にします。給餌器と給水器を交互にならべ、ひながゆとりをもって採食できるように準備します。最初の1週間程度は、ひなにえさや飲み水の場所がわかるように照明をつけておきます。

餌付け用給餌箱（チックプレート）

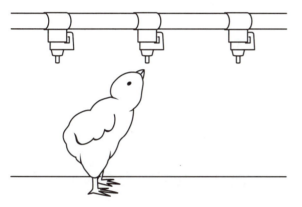
ニップルドリンカー：飲みやすい高さに

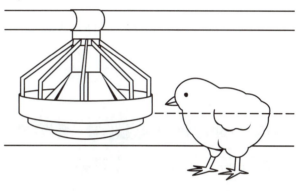
ベル型給水器：皿の底を雌ひなの肩の高さに

給餌器：皿の縁を雌ひなのそのうの高さに

③　ビークトリーミング（断嘴・デビーク）
　ビークトリーミングは、中すう期以降の尻つつきや食羽などの悪癖を防ぐ対策として有効です。また、飼料をこぼすことを防ぐ効果もあります。1〜2週齢の間に上下のくちばし1/2をデビーカーで焼き切るのが一般的です。（P47〜48参照）
　近年では、アニマルウェルフェア（動物福祉）の観点から、ビークトリー

ミングを行わない農場もあります。

　家畜を快適な環境下で飼育することで、家畜のストレスや疾病を減らすことが重要です。これにより、生産性向上や安全な畜産物を生産することにつながります。この考え方をアニマルウェルフェアといいます。

④　飼育密度

　飼育密度は、開放型鶏舎の場合、バタリー式ケージ育すうは6週齢まで33〜44羽／㎡、平飼い育すうは6週齢まで18〜20羽／㎡です。また、ウインドウレス鶏舎の場合、開放型鶏舎より環境条件が良いので、飼育密度は高くなります。

（3）中すう期の管理 専門級 ・ 上級

　中すう期にはなるべく運動させ、外気にも慣れさせて丈夫な体を作るように心がけます。

　バタリー育すう器では、4週齢頃に中すう用バタリーへ移し替えます。バタリー1区画への収容羽数は、全部のひなが給餌器に楽にならぶ程度とします。飼育密度は、その後のひなの発育や健康状態に影響します。中すう用飼料に切り替える時期でもあり、移動はひなにとって大きなストレスであるために、ていねいに取り扱うことが大切です。

　ストレスの緩和や病気予防のため、抗生物質、ビタミン剤などを水に溶かし、2〜3日給与するのも良いです。

① 　ひなの発育

　育すう期前半のひなの発育は、きわめて早いです。とくに、育すう初期の1週齢で65g以上に、2週齢で120g以上に、3週齢で190g以上にまで成長します。その後、増体率は徐々に少なくなってきますが、1日当たりの増体重は10週齢（体重850g以上）前後頃まで急激に増加してます。

　育すう期後半で性成熟の始まりとともに増体率は減少して、発育の速度は緩やかになっていきます。

② ひなの体重測定と平均体重

鶏種のマニュアルに示されている標準体重を目標に育成するので、体重測定の実施は重要です。ひなの体重が過度に小さすぎるのは好ましくありませんが、群としてばらつきの少ない（斉一性）ことが重要です。

（4）大すう期の管理 専門級 ・ 上級

大すう期の飼育目標は、長期間の産卵にも十分対応できる体を作ることと、適当な日齢で産卵を始るように育成することにあります。

バタリー式育すうの場合、大すう用バタリーへ移し替えるには、発育の同じ程度のものを同じ区画へ収容することが大切です。1区画の収容羽数も中すう期同様、全部のひなが給餌器に楽にならべる程度とします。

飼料は中すう用から大すう用に切り替えます。体重の増加にともなって採食量が増加し、そして、糞の排泄量も多くなります。放置するとアンモニアなどの有毒ガスが発生するので、除糞などの掃除は欠かせません。

大すうは、早熟なものは130日齢頃から産卵を始めるので、その前に成鶏舎に移動します。

① 飼育密度

飼育密度は、開放型鶏舎の場合、バタリー式ケージ育すうは18週齢まで22〜25羽／㎡、平飼い式育すうは18週齢まで7〜8羽／㎡です。また、ウインドウレス鶏舎の場合、開放型鶏舎より環境条件が良いので、飼育密度は高くなります。

② 光線管理

大すう期に、鶏舎に照明をつけて日長時間を調節（日長時間＋点灯時間）する光線管理を行います。これは、ひなの性成熟を調整するためです。日長時間が短くなっていくときに性成熟は遅くなり、長くなっていくときに性成熟は早くなります。これらの性質を利用して産卵時期を調整します。

ウインドウレス鶏舎では、日長時間に左右されることはないので、計画的に光線管理ができます。照明の明るさは鶏の位置で5〜10ルクス程度で、

成鶏期以降は照明時間を短縮しないのが良いです。

③ 体重測定と給与飼料の制限

大すうの体重管理は大切で、標準体重に近づけることで、その後、良好な産卵成績を得られることが多いです。毎週、体重測定を行い、次週の給餌量を決定します。発育が良く標準体重を超えた場合は、飼料給与量を制限します。

6 採卵鶏の産卵と成鶏期の管理

（1）産卵の開始

採卵鶏は18週齢前後（130日前後）で産卵を開始し、その後、2〜4か月間が産卵数が最も多く、その後、徐々に低下します。産卵の推移の仕方を産卵パターンといいます。

鶏では、最初に産卵した日を初産日齢といい、性成熟のときでもあります。性成熟の早い、遅いはその後の産卵成績に大きく影響します。性成熟の早い、遅いは、遺伝的な素質のほか、日長時間や栄養補給に強く影響されます。そのため、育すう期に光線管理や飼料給与を操作して、適当な日齢に性成熟させる方法がとられます。

① 卵の形成と排卵

産卵を開始した鶏の卵巣には、直径が1〜35mm程度のさまざまな発育段階にある卵胞が存在します。卵胞が発育し、最も大きくなると外側の膜が破れ、卵子（卵黄）が排卵され漏斗部から卵管に入ります。この卵黄に加え、卵白が膨大部で、卵殻膜が峡部で、卵殻が子宮部で形成され、総排泄腔から放卵されます。排卵から次の排卵まで25〜26時間です。

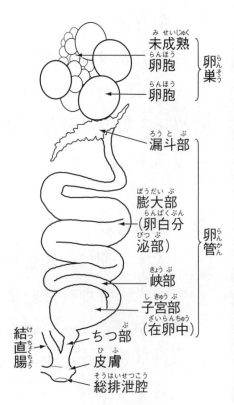

鶏の生殖器

② 産卵周期

鶏の産卵は、数日間産卵を続けたあとに1日（または2～3日間）休産し、再び数日間産卵を続けるという周期性を示します。このような周期を産卵周期といい、連続した一連の産卵をクラッチとよびます。

③ 産卵の季節変化

鶏は、日長が長くなる季節によく産卵し、自然日長のもとでは、産卵は春季に多く、秋季に少なくなります。このため、産卵パターンはふ化の季節によって異なり、春と秋、冬と夏にふ化したひなでは対照的な産卵パターンを示します。産卵に適する気温は12～25℃です。

（2）成鶏期の管理

① 飼料給与、給水

成鶏期の飼料は、ふつう1日分を午前と午後に分けて、鶏のようす、飼料摂取の状況を観察しながら与えます。自動給餌器を用いると、1日に多回数の飼料給与が可能となり、飼料の選択採食や食べ残しがなくなり、採食量が安定します。

産卵初期には、成長しながら産卵が急激に増えます。そのため、高タンパク飼料を給与し、産卵や成長の程度に応じて、産卵中期（およそ40～60週齢）、後期（およそ60週齢以降）にかけて粗タンパク質（CP）水準を下げていく給与方法が行われます。

新鮮な水はいつでも飲めるようにしておきます。とくに、夏季は水を切らさないように、また水温が高くならないように、冬季は凍結させないような管理が必要です。

② 集卵

産卵は、午前中にほぼ終わります。自動集卵器の設置されている養鶏場では、1日に何回か集卵して出荷します。自動集卵器が設置されていない養鶏場では、集卵かごやエッグトレイと、エッグトレイコンテナを使い、鮮度を保つために、1日のうちできるだけ回数を多く手集卵します。

③ **除糞・清掃**

　鶏舎内を清潔に保つため、除糞作業は定期的に行います。とくに、ハエが多発する春から秋の季節には、こまめに除糞し、早めに鶏糞処理施設で処理します。また、採卵鶏の周囲のケージ、器具、天井、壁などのごみ・ほこりなどは、外部寄生虫などの生息場所となるので、清掃・除去し、清潔にすることが重要です。

④ **環境管理**

　健康な成鶏の体温は、約41℃です。

（ⅰ）暑さに対する反応と夏季の管理

　　鶏は気温が高くなると、開口呼吸（口を開けて呼吸）、呼吸数の増加（パンティング）、開翼姿勢など、体温放散機能をはたらかせ、体温の上昇を防ぎます。また、飲水量が増加し、糞は水様性になります。

　　気温が30℃を超えると、産卵率や卵質に影響します。つまり、高温になると飼料摂取量が減少し、このため卵重が小さくなり、卵殻も薄くなります。

（ⅱ）寒さに対する反応と冬季の管理

　　鶏は気温が低下すると、体を丸め熱が逃げないように羽毛を逆立てます。飼料摂取量は増えますが、産卵は減少します。

（ⅲ）光線管理

　　光線管理とは、鶏舎に照明をつけて適当な照明時間（日長時間＋点灯時間）を与えて、性成熟を制御したり、産卵を促進したりする管理技術です。

　　成鶏期の開放型鶏舎では、産卵の初期はすべて14〜15時間の一定時間照明（日長時間＋点灯時間）とします。産卵の減少が目立つ頃から2週間ごとに30分ずつ照明時間を長くしていき、17時間に達したらこの水準で照明を継続します。これ以上照明時間を延長しても産卵は促進されません。

（iv）駄鶏の淘汰

産卵が減少したり、健康状態が悪い鶏は、飼育しても産卵成績が上がらず経営的にも採算があいません。このような鶏は日常管理の中で発見し、淘汰します。

（v）誘導換羽（強制換羽）とその方法 専門級・上級

初産から1年くらいたつと、産卵が減少し、卵殻も薄くなって卵質が低下します。日が短くなる秋から冬にかけて2〜4か月間休産し、その間に、自然に古い羽が抜け落ちて新しい羽に換わる自然換羽が起こります。

自然換羽が起こる前に人工的に換羽を起こさせると、卵殻質や卵重を改善し、採卵期間を延長することができます。この方法を誘導換羽（強制換羽）といいます。

一般的な方法としては、60週齢前後に、夏季は10〜14日間、冬季は7〜10日間絶食させ、同時に点灯を中止します。絶食期間が終わったら、飼料を数日かけて徐々に増やして与えます。

近年では、絶食はアニマルウェルフェアに反する観点から、エネルギーとタンパク質の低い飼料を与え、光線管理を行うことで換羽させる誘導換羽（強制換羽）も一般的な技術になってきています。

7 鶏卵の構造と品質

鶏卵は、そのほとんどが産卵されたままの殻付き卵として、取引規格に合わせ出荷されています。鶏卵の品質は卵殻、卵黄、卵白などの状態で決まります。

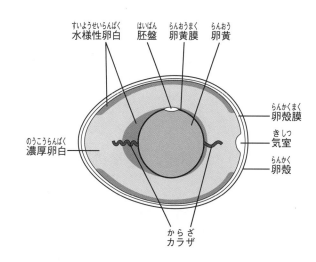

（1）鶏卵の構造

鶏卵は形が正常で、汚れがなく、卵殻は適度になめらかで丈夫であり、ひび割れがないものが良いです。また、卵を割ったとき、濃厚卵白が高く盛り上がり、異物（血液、肉斑）の混入がみられないものが良いです。

出荷できる卵　　　　　　　出荷できない卵（左：破卵、右：汚卵）

（2）鶏卵の規格と品質

規格の種類と基準は次の表のとおりです。

規格の種類	基準（鶏卵1個の重量）
LL	70g以上 76g未満
L	64g以上 70g未満
M	58g以上 64g未満
MS	52g以上 58g未満
S	46g以上 52g未満
SS	40g以上 46g未満

（3）品質を決める要因 専門級・上級

鶏卵の品質は、遺伝的な要因、飼料、季節、鶏の日齢や飼育環境などの影響を受けます。

① 卵殻

主に炭酸カルシウムでできており、卵殻はち密で厚いほど強く、薄く弱いと破卵や傷卵が多くなり、商品価値がいちじるしく低下します。

卵殻の強度は、一般的に栄養分、とくに、カルシウムなどの無機物（ミネラル）の不足、夏季の暑熱、鶏の高齢化などによって低下します。

② 卵白

透明で淡黄または淡黄緑の色をしており、水様の部分（水様性卵白）と濃厚な部分（濃厚卵白）とがあります。

濃厚卵白は高く盛り上がっているほど良いです。濃厚卵白の盛り上がりは、貯蔵日数の経過にともなって低下していくので、鮮度の目安になります。

4 採卵鶏と飼料に関する基礎知識

このようなことから濃厚卵白の高さと卵重に基づいてハウユニットという数値が設定され、鮮度の指標とされています。卵白中に血液（血斑）や肉様のかたまり（肉斑）が混入することがあります。小量であれば、支障にはなりませんが、好ましくありません。卵白は白身ともいいます。

③ 卵黄

卵黄の黄色の色素は、飼料中のトウモロコシ、緑餌に含まれる色素が移行したものです。濃い卵黄色は消費者が好む傾向があり、パプリカなどを飼料に入れることもあります。

卵黄は弾力があって、丸く盛り上がっているほど良いです。この盛り上がりは日がたつにつれて平たくなり、やがて卵黄膜が破れてくずれます。卵黄は黄身ともいいます。

飼料としてトウモロコシ主体の卵

飼料として米粉を与えた卵

8 鶏の疾病

（1）鶏の観察と病鶏の発見

鶏舎が大型化し、大羽数を飼育するようになると、換気不良になる場合が多く、有毒ガスや湿度が高くなり、呼吸器病が発生しやすくなります。また、管理する人数が少なくなると、日常の管理、除糞、健康状態の観察や衛生管理も不十分になりやすいので注意します。

とくに、重要な家畜の伝染病として、国が家畜伝染病予防法で指定している家畜伝染病（法定伝染病）があります。発見した場合には、速やかに家畜衛生保健所に届け出て、指示にしたがい処置しなければなりません。

家畜伝染病（法定伝染病）には家禽コレラ、高病原性鳥インフルエンザ、低

37

病原性鳥インフルエンザ、ニューカッスル病、家禽サルモネラ症（ひな白痢および家禽チフス）があります。

① 病鶏の行動

・活力がなく動作がにぶくなり、えさを食べなくなる。

・糞の量が減少し、変色したり、下痢をしたりする。

・成鶏では産卵が停止したり、軟卵や奇形卵を産んだりする。

・ときどき奇声を発する。

② 病鶏の外観

・羽毛が逆立ち、翼が垂れる。

・とさかが腫れたり垂れ下がる。色は薄くなったり、暗紫色になる。

・目が涙で、鼻が鼻汁で汚れる。目は閉じていることが多い。

・口を開けて呼吸する。

（2）鶏の病気対策

① 病原体の侵入防止と伝播防止

伝染病の中には、良い環境で飼育すれば発病しないものもあります。しかし、感染力が強く、それだけでは防げないものもあります。

まず、鶏舎施設の病原体をなくし、外部からの病原体の侵入を防ぎ（野鳥・野性動物対策）、さらに人間、車両、飼料、資材によって病原体を外部から持ちこまないようにしなければなりません。また、病原体が隣の鶏舎にうつらないように、管理者は鶏舎ごとに手指消毒をして、専用の作業服、靴を用意します。

家畜伝染病予防法では、鶏の飼養衛生管理基準が示されています。その基準を確実に遵守することが重要です。

② 疾病の防除 専門級 ・ 上級

（ⅰ）ワクチン

ワクチン接種が有効な病気（ニューカッスル病、鶏伝染性気管支炎、鶏

痘、マレック病）に対しては、ワクチン接種のプログラムを作成し、確実に忠実に実行します。これをワクチネーションといいます。

ワクチンの接種方法は、飲水、点鼻、点眼、スプレー、注射、穿刺などがあり、ワクチンの種類や鶏の日齢あるいは健康状態によって、最も適切な方法を選びます。

(ⅱ) 予防薬

ニワトリヌカカが媒介する鶏ロイコチトゾーン症は、サルファ剤を飼料に加えるか、飲水投与する治療が行われますが、夜行性のニワトリヌカカの発生を抑え、殺虫駆除する対策も必要です。

呼吸器が侵されるマイコプラズマ感染症は、タイロシン、スピラマイシンに予防効果があります。

また、ケージ・バタリー式育すうには少ないですが、平飼い育すうでは、原虫に腸管を侵される鶏コクシジウム症を発症することがあります。幼すう・中すうは急性のものが多く、大すうでは慢性になることもあります。治療にはサルファ剤が有効で、予防剤を育すう用飼料に加えるとより有効になります。

(3) 衛生害虫の防除 　専門級　・　上級

最近は、外部寄生虫のワクモの発生が多く、被害はワクモの排泄物や血液の付着による汚卵の発生、鶏の死亡、貧血、産卵低下、管理者の不快感による離職、人と家畜の共通の感染症の病原体の媒介などがあります。

防除対策はワクモの早期発見、早期駆除、侵入防止、日常の清掃・洗浄の徹底、高温高圧洗浄、殺虫剤の散布などです。

高温高圧洗浄機

そのほか、トリサシダニやニワトリヌカカ（ロイコチトゾーン病を媒介）も同様に防除しなくてはなりません。

（4）野生動物の防除

　　鶏舎の給餌設備、給水設備や飼料の保管場所に、ネズミ、野鳥などの野生動物の排泄物が混入しないようにし、鶏舎に防鳥ネットを設置し、侵入を防止します。ネズミによる被害は、飼料の損失、建物や施設・機器などの損傷、人と家畜の共通の感染症の病原体の媒介など多数あります。

　　防除対策は、清掃など一般的な衛生対策に加えて、侵入経路の遮断のほか、トラップやフィルター、殺鼠剤の使用などがあります。とくに、野鳥の侵入は、鳥インフルエンザの発生に大きく関係しており、脅威となっています。徹底した防除対策が必要です。

⑨　鳥インフルエンザとその防御 　専門級 ・ 上級

（1）鳥インフルエンザ

　　鳥インフルエンザは、鳥インフルエンザウイルス（ＡＩウイルス）の感染による家禽類を含む鳥類の疾病です。

　　鶏では、ウイルスが病気を引き起こす性質またはその程度から「高病原性」、「低病原性」と区分されています。「高病原性」のＡＩウイルスは発生確認後、4～5日の間に100％の致死率を示します。

（2）鳥インフルエンザの防疫対策

　　鳥インフルエンザは、家畜伝染病予防法により家畜伝染病（法定伝染病）に指定されており、疾病の発生の予防やまん延の防止に関して、飼養衛生管理基準が設定されています。これを遵守しなければなりません。

---

　① 鶏舎エリアへの野鳥の侵入防止
　② スクリーニング（検査）の実施などによる早期発見
　③ ウイルス分離時の早期淘汰
　④ モニタリング（観察）の実施
　⑤ 鶏舎の衛生状態を保つ

⑥ 鶏の健康観察を行う

⑦ 高病原性鳥インフルエンザの特定症状の確認

　　　症状：・同一鶏舎内において、1日の鶏の死亡率が対象期間における
　　　　　　　　平均の鶏の死亡率の2倍以上となること
　　　　　　・とさかなどにチアノーゼが出ることなど

🔟 鶏糞処理の方法

　鶏糞は、ベルトコンベアーやホイールローダなどで集めて処理します。

　現在、ほとんどの鶏糞は発酵方式で処理されて、堆肥として、耕種農業の土壌改良などに利用されています。発酵の方法は、堆積方式、開放型攪拌方式、密閉型攪拌方式などがあります。また、鶏糞の乾燥施設が設置できる環境にあれば、乾燥鶏糞を製造する方法もあります。

　堆肥化する場合、水分調整材を使用することがあります。また、密閉型では加温装置が付いているものもあります。

🔟🔟 飼育計画と能力の評価 専門級・上級

（1）飼育計画

　ひなの導入は、養鶏場全体の鶏卵生産との兼ね合いで、導入回数や導入羽数が決められます。生産性の低くなった鶏舎の鶏をすべて廃鶏にして、新たな鶏を導入するオールインオールアウト方式が多く行われています。衛生管理面からもオールインオールアウトをするのが良いです。

（2）能力の調査と評価

① 産卵率

　産卵率は、鶏群の一定期間の産卵数を同じ期間に飼育していた鶏の飼養羽数で割って100を乗じたもの（％で表示）で、実際に産卵した鶏の割合を示す数値です。

41

○産卵率を計算しましょう。
産卵率（％）＝産卵数÷鶏の数×100
（例）100羽の鶏が1日に90個の卵を産卵するときの産卵率の計算
産卵率＝90÷100×100＝90％

産卵率は、初産後200日齢頃で90％程度まで上昇しピークをむかえます。60日程度で高位産卵が維持された後、徐々に低下し、550日齢の淘汰時には65％になります。また、卵重は日齢とともに大きくなります。

産卵率を高めることは採卵鶏の技術で一番重要なことで、それによって経営上の利益は大きく違ってきます。

② 産卵量

生産した卵の重量を産卵量といいます。卵重は、初産から1年間は徐々に増加していき、平均61〜65gです。年間1羽当たりの産卵量は17〜20kgとなります。

鶏群1日の総産卵量を飼養羽数で割って、1日1羽当たりの産卵量を表したものを産卵日量といいます。産卵日量は、採卵鶏の養分要求量と関係しており、産卵量に不足しないような飼料給与を行わないと、除々に産卵量は減少します。

③ 飼料要求率

産卵量と飼料摂取量の比率を飼料要求率といいます。卵を生産するために必要な飼料の量を知ることができます。

○飼料要求率を計算しましょう。
飼料要求率＝飼料摂取量（kg）÷生産量（産卵量）（kg）
（例）100kgの卵を生産するのに210kgの飼料を与えたときの飼料要求率の
計算
飼料要求率 =210kg÷100kg=2.1（単位なし）

確認問題

以下の問題について、
正しい場合は○、間違っている場合は×で答えなさい。

1．平飼いは、ケージに1羽ずつ鶏を入れて飼育する方法です。（　　　　）

2．鶏舎には、開放型鶏舎とウインドウレス鶏舎があります。（　　　　）

3．そのうは、小腸の途中にあります。（　　　　）

4．大豆かすは、主にタンパク源として用いられます。（　　　　）

5．魚粉は、メチオニンが豊富です。（　　　　）

6．採卵鶏の成鶏は、1日に約200gの配合飼料を食べます。（　　　　）

7．鶏卵の品質は、卵殻、卵黄、卵白などの状態で決まります。（　　　　）

8．除糞作業は、鶏舎内の清潔を保つために、定期的に行います。

（　　　　）

9．気温が高くなると、鶏の呼吸数は少なくなります。（　　　　）

10．鳥インフルエンザは、家畜伝染病（法定伝染病）に
指定されています。（　　　　）

43

＝解答＝

1．×（平飼いは、鶏を地面や床面で飼育する方法です）

2．○

3．×（そのうは、食道の途中にあります）

4．○

5．○

6．×（採卵鶏の成鶏は、1日に約110ｇ配合飼料を食べます）

7．○

8．○

9．×（気温が高くなると、鶏は開口呼吸し、呼吸数は増加します）

10．○

5 日常の採卵鶏の管理作業

1 育すう期の管理

（1）温度管理

初生びなは体が小さく、体温も低く、環境温度に対応する力が弱いため、給温しなくては育ちません。幼びなのようすを観察しながら、入すう時の32～35℃から少しずつ温度を下げ、3～4週間後に室温で生活できるように慣らし、廃温します。

（2）湿度管理

初生びなは、湿度65％の環境から少しずつ室内湿度に対応できるように慣らしていきます。入すう時に35℃で湿度65％を保つには、どの育すう器でも水盤を置くなどして加湿する必要があります。しかし、1週間ほど経過すると、排泄する糞の量が増加し、糞からの水分の蒸発量が多くなるので、これに合わせて注水量を減らします。10日目頃からは、むしろ乾燥させるようにします。

（3）換気管理

どの育すう器も温度が高い場合は、室温との温度差が生じるので自然に換気が行われますが、過度の換気は育すう器内の温度を下げます。ひなのようすを観察しながら、保温との調和に注意します。

2 給餌器と給水器の管理 専門級・上級

（1）幼すう期

バタリー式育すう器や平飼い式育すう器（チックガード内）でも、入すう時には餌付きが良くなるように、餌箱（平たく縁の低いもの）に練り餌にして、回数を多く給与します。給水器も飲みやすくするため、給水盤や補助ドリンカーを使用します。幼すうは、採食と飲水を繰り返すので、給餌器と給水器は近くに置きます。

補助ドリンカー

給温部の温度を日々少しずつ下げていくと、ひなは日がたつにつれ、給温部から室温部にでて採食、飲水をするようになります。

　餌付け後2日以降、室温部（バタリー式の場合は運動場、平飼い式の場合はチックガード内の温源から離れた周辺部）に飼料と飲水を用意します。大部分のひなが室温部で採食するようになったら、給温部での飼料給与、給水をやめます。

　幼すう期は飼料と飲水を常に備えておき、自由に採食・飲水させます。給餌器に入れる飼料の量は約半分とし、採食の際、飼料がこぼれないようにします。ひなが給餌器に入らないように、傘やセパレーターなどをつける工夫をします。

　飲水は常に補給しますが、給水皿に水を溜めるベル型給水器は、飼料や糞が混入するので、1日1回は清掃と取り替え作業をします。ニップルドリンカーはニップル先端の水滴をみて、ひなが直接飲水するので衛生的です。ニップルドリンカー、ベル型給水器とも、ひなの成長に合わせて高さ、水位を調整します。（P29参照）

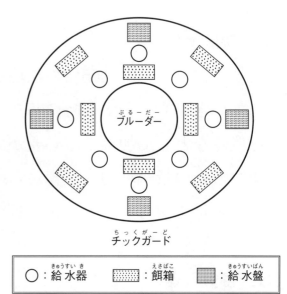

チックガード内の給餌器と給水器の配置

（2）中すう～大すう期

① 給餌器管理

　この時期になると、給餌スペースが不足してくるため、バタリー式育すう器では運動場側に、平飼い式ではチックガードを拡張して、給餌器の皿を使用し補充します。その後、バタリー式ではケージ横面に樋式の給餌器を設置し、ケージから顔を出して採食するように誘導します。

　また、平飼い式では、チックガードを撤去するまでにホッパー型給餌器へ移行し、給餌ラインのある鶏舎では、徐々に手給餌から自動給餌へ移行します。自動給餌は給餌ラインを配管する給餌器で、バタリー式は樋式給餌器に、平飼い式はパンフィーダー（皿型）に給与します。

ひなの成長や採食状況を観察し、給餌器の高さや、樋やホッパー内の飼料の量を調整します。自動給餌器の給餌皿に、飼料が均一に、食べやすく入っていることが重要です。

バタリー式では、ひなが給餌器（樋）の中に入ることはありませんが、平飼い式の場合、ひなが給餌器に入らないように、傘、セパレーター、螺旋などをつける工夫をします。

② 給水器管理

運動場やチックガードの拡張・撤去にともない給水器の数を増やし、均等に配置します。バタリー式、平飼い式ともニップルドリンカーの数を考えて、ニップルの高さはひなの目線よりやや高めに、また、飲みやすいような水圧に調整します。

平飼い式では、ベル型給水器の皿の位置をひなの胸の高さに合わせるようにします。

飲水量が増えるので、給水設備（給水器、給水管、サブタンクなど）の管理も重要で、定期的に洗浄を実施します。

3 ビークトリーミング（断嘴・デビーク）の方法 専門級 ・ 上級

育すう期間中には、ひなの中で尻つつきがしばしばみられます。ひなが小さいうちは、尾の付近が傷つく程度ですみますが、初産前になると、腸までつつきだすことが多く、短時間に思わぬ被害を受けます。これらの被害を防止するために、ビークトリーミングを行うのが一般的です。

断嘴器（デビーカー）を用いて、上下のくちばしを焼き切るもので、採卵鶏の場合、3〜10日齢で行うことが多いです。

ビークトリーミングを行うと、悪癖の発生を未然に防ぐとともに、飼料の食いこぼしが少なくなります。成鶏になってからは、食卵による卵の損失が減少します。

近年では、アニマルウェルフェアの観点から、ビークトリーミングを行わない農場も増えてきています。

ビークトリーミングの様子

4 体重測定 専門級・上級

体重は、ひなの発育や後の産卵能力を知るうえで重要な基準です。
育すう期は、1〜2週間おきに無作為に選抜して体重を測定します。
産卵開始後は約4週間おきに同じ鶏について個々に体重を測定します。

5 飼料の受け入れ、保管や取り扱いにおける注意 専門級・上級

(1) 飼料の受け入れ

飼料タンクや保管庫は、飼料を搬入する前に清掃し、飼料搬入車は、農場入り口などで適切な消毒を行わなければなりません。飼料は、外観、色、風味、品質に異常がないことや、異物が入っていないことが重要です。

また、サルモネラ検査を定期的に実施している工場からの飼料は、検査結果が添付されていることが必要です。さらに、配合されている飼料添加物または飼料添加剤の名称や出荷制限期間を把握していることが重要です。

(2) 飼料の保管

飼料の購入計画については、事前に決定されており、長期間飼料を保管することがないように注意します。

飼料は、カビなどに汚染されていないか、飼料中の成分（タンパク質、脂質など）が変質（変敗）していないかを確認します。そして、特殊な添加物

（剤）を使用する場合は、冷暗所に保存するなどの注意が必要です。また、保管庫では、ネズミやネズミの糞などが確認されないことが重要です。

（3）飼料の取り扱い

給与する飼料は、適切な飼料設計であることが重要です。農場で飼料添加物を加える場合は、飼料内に均一に混ぜ合わせることや、決められた方法や量を守って飼料を給与されていることが重要です。

とくに、入すう後は1週間間隔で体重測定を実施することが望ましいです。これにより、鶏の成長段階に応じた給与計画（飼料体系）にしたがい各種の飼料を給与することができます。

また、卵の品質に直接影響する飼料添加物の出荷制限期間を守り、飼料の品質（外観、色、風味、カビ、変質など）に注意して給与することが重要です。

飼料給与管理記録簿は、最低でも2年間は保存しなければなりません。

6 暑熱時の管理

夏季の採卵鶏の開放型鶏舎内は、外気温32〜33℃でも熱死する鶏がでることがあります。屋根や壁が日光で熱され、さらに地面の輻射熱を受け、外気温よりも5℃以上高くなることがあり、また、鶏体周辺はさらに高くなります。そのため、防暑対策が必要になります。

① 開放型鶏舎

開放型鶏舎では、鶏舎内の通風を良くし、風が抜けない場合は、送風機で風速0.5〜0.8m／秒程度の風を当てます。樹木などで日陰を作り、直射日光を避けます。鶏舎内に水を噴霧することも温度を下げるのに効果的です。鶏舎内の気温が上昇すると、飲水の水温も上昇します。鶏は温かくなった飲水は飲まなくなるので、なるべく冷たいものを給与します。

② ウインドウレス鶏舎
　ウインドウレス鶏舎では、鶏舎内の温度がなるべく均一に、外気温より低くなるように換気方法を工夫します。一般的には、換気量を増加させ、鶏の体感温度を低くします。これには、天井や壁の断熱性の良否が影響しており、断熱性が良いほど外気温の影響を受けにくいです。

7 寒冷時の管理

　開放型鶏舎では、カーテンなどで寒風が吹き込まないようにする防寒対策が必要です。密閉して換気不良にならないようにします。ウインドウレス鶏舎では、換気量を少なくしますが、換気不良にならないように注意が必要です。

8 健康管理

　飼育している鶏に尻汚れ、脚弱、異常呼吸音、異常歩行、そのほか、体の異常がみられないか観察することが重要です。
　鶏種の飼育日齢に合った温度・湿度・換気管理ができていること、飼育日齢や温度（室温）に合った換気管理ができていること、飼育日齢に合った飼育面積が確保されていることが必要です。
　管理者は、飼育室を毎日観察します。異常な鶏や死亡している鶏がいないか観察し、温度、湿度、換気量を測定し、飼料や飲水が適切に給与されているかどうか確認します。

鶏の扱い方

9 集卵から出荷

　鶏卵は、ほとんど午前中に産卵されます。集卵・選別・洗卵・検卵・出荷のそれぞれの作業は、採卵養鶏場の規模・施設に関係なく行われ、自動集卵機や自動選別機や洗卵機などの機械が設置されているかどうかで、機械作業か、手作業かに分けられます。
　集卵は卵同士がぶつかったり、鶏が卵を傷つけたり（食卵癖）、汚したり（尻汚れ）

❺ 日常の採卵鶏の管理作業

しないように、すぐに集めることが大切です。傷や奇形などの不良卵を取り除き、エッグトレイで集卵して、コンテナで出荷するのが一般的です。

　農家で選別（規格重量分け）や洗卵を行ったり、包装、箱詰めして宅配や直販するなどさまざまな方式があります。採卵鶏舎に隣接するＧＰセンター（集卵・選別・洗卵・包装施設）に、集卵ラインがつながっているものをインラインシステムといいます。

　出荷前の卵は鶏舎から離れた場所で保管し、保管場所の温度管理は外気温と比較しながら、卵に結露がつかない程度に温度調節します。保管期間はなるべく短くします。

　作業者は、作業する前に手指などの洗浄・消毒を実施します。集卵かごやエッグトレイ、エッグコンテナは洗浄・消毒したものを使用します。集卵器具・機械が正常に作動するかどうかを確認し、準備を適切に実施する必要があります。集卵器具・機械は定期的に点検し、洗浄・消毒します。手集卵の場合は、鮮度を保つためにも、１日にできるだけ回数を多く集卵します。

🔟 施設・設備などの保守・衛生管理

　施設は鶏舎、飼料保管施設、堆肥保管施設、廃棄物保管施設、付帯施設で、鶏が衛生的に飼育できるように配置されていることが重要です。

　施設の破損や不都合がないように、また、ほこりや汚れなどで不衛生にならないような毎日の管理が重要です。

確認問題

以下の問題について、
正しい場合は○、間違っている場合は×で答えなさい。

1. 初生びなは、約18℃の温度で飼育します。 （　　　　）

2. ひなの給餌器は、成長に合わせて高さを変えます。 （　　　　）

3. 尻つつきの予防のために、ビークトリーミングを行います。 （　　　　）

4. 成鶏の体重測定は、栄養が適切に摂取できているかを
   知るために重要です。 （　　　　）

5. 配合飼料は変質しないので、長期間保管できます。 （　　　　）

6. 外気温35℃で、鶏は熱死することはありません。 （　　　　）

7. ウインドウレス鶏舎では、暑い時期に換気量を少なくします。 （　　　　）

8. 開放型鶏舎では、寒い時期に冷たい風が吹き込まないように
   注意します。 （　　　　）

9. 採卵鶏は、ほとんど午後に産卵します。 （　　　　）

10. インラインシステムとは、鶏舎の集卵ラインとGPセンターが
    つながっているものです。 （　　　　）

53

＝解 答＝

1．×（初生びなは、32〜35℃の温度で飼育します）

2．○

3．○

4．○

5．×（配合飼料は、長期間保管することがないようにします）

6．×（外気温が32〜33℃で鶏は、熱死することがあります）

7．×（ウインドウレス鶏舎では、暑い時期に換気量を多くします。
　　　鶏の体感温度を下げるようにします）

8．○

9．×（採卵鶏は、ほとんど午前中に産卵します）

10．○

6 農場の衛生管理

1 日本と世界の伝染病の状況

（1）伝染病は、ウイルスや細菌などでうつる病気です。動物から動物、資材から動物など、人間や資材、動物を媒介してうつります。

　日本は島国ですが、外国（日本国外）から来る人間や資材を介して、病原体が日本に持ち込まれる可能性があります。日本では、重要な家畜伝染病である口蹄疫や豚熱（CSF）、鳥インフルエンザなどが発生しています。

・口蹄疫は、日本では2010年に発生しましたが、近年は発生していません。しかし、現在もアジア諸国で発生しています。

・豚熱（CSF）は、日本では2018年以降、毎年発生しています。感染拡大を防ぐため、ワクチン接種が行われています。

・鳥インフルエンザは、毎年発生しています。

（2）日本の近隣の国では、上記の病気の発生のほかに、アフリカ豚熱（ASF）などの重要な家畜伝染病が発生しています。

（3）家畜の伝染病には、毒性や感染力の強さから殺処分などの強力な措置が必要な家畜伝染病（法定伝染病）と、病気の発生と被害防止の対策を速やかに行うことが必要な届出伝染病があります。

　どちらも発生が疑われた場合は、すぐに獣医師や家畜保健衛生所に連絡しなければなりません。また、家畜の伝染病には、これらのほかに感染すると経済的損失の大きい病気（慢性伝染病など）もあります。

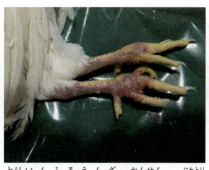

鳥インフルエンザに感染した鶏

（写真提供：農研機構動物衛生研究部門）

2 飼養衛生管理基準

家畜の伝染病対策では、原因となる病原体を「持ち込まない、拡げない、持ち出さない」ことが大切です。

日本では、2010年以降、口蹄疫、豚熱（ＣＳＦ）、鳥インフルエンザが発生してから家畜の飼養衛生管理基準の見直しがありました。飼養衛生管理基準は、家畜を伝染病から守るために、家畜を飼養する関係者全員が徹底するルールです。

（1）飼養衛生管理マニュアル

飼養衛生管理基準に基づき、経営者（家畜の所有者）は「飼養衛生管理マニュアル」を作ることが定められています。農場で働く人間だけでなく、農場に出入りする人間など関係者全員がこのマニュアルを実践することが大事です。

（2）基本的な衛生対策

病原体を農場に侵入させないために、次の基本事項を必ず守ります。

①農場外で家畜を扱ったり、野生動物に触れたりしない。

　やむを得ないときは、事前に経営者に報告する。自宅で体を洗い、服や靴を交換してから農場や施設に出勤する。

②外国から生肉、肉製品（ハム、ソーセージ、餃子など）を日本に持ち込んではいけない。直接持ち込むだけでなく、輸送でも禁止されている。

③アフリカ豚熱（ＡＳＦ）、口蹄疫などの発生地域に行かない。

　やむを得ないときは、行き先や日程を事前に経営者に報告する。外国では畜産関係施設に行かない。日本に入国したら経営者に報告し、1週間は勤務する農場や家畜がいる場所に行かない。また、2か月間（豚は4か月間）は外国で使用した服や靴を農場に持ち込まない。

（3）衛生管理区域

衛生管理区域とは、病原体の侵入を防止するために、衛生的な管理が必要と

6 農場の衛生管理

なる区域です。一般的には、畜舎やその周辺の施設（飼料タンク、倉庫、飼料保管庫、給餌舎、堆肥舎、死体保管庫など）を含む区域が衛生管理区域になります。区域は経営者が決めます。区域内で注意することは次のとおりです。

衛生管理区域の例（イラスト出典：飼養衛生管理基準ガイドブック）

① 区域内と区域外で境界線をはっきりさせる

野性動物が侵入できないように、境界線をフェンスやネットで囲む。看板を表示し、農場外部の人に周知する。

区域内への出入りは出荷、診察、飼料の配達など必要最小限にする。

② 区域外から区域内へ入るときに注意すること

（i）人間

- 区域外で行うこと

  区域外で着用した服や靴を脱ぎ、区域外専用のロッカーに置く。手指消毒を行う。

- 区域内で行うこと

  区域内専用の服や靴を区域内専用のロッカーから取り出して着用する。

フェンスで囲まれた境界線

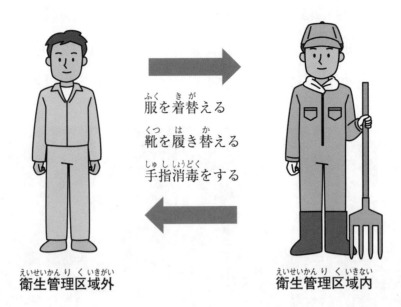

(ⅱ) 車両
- 車両全体を消毒する。ボディ、タイヤ、フロアマット、ペダル、ハンドルなどを消毒する（フロアマットは区域内専用の消毒済みマットを用意、または、使い捨てマットを使用する）。
- 車両の運転手は上記（ⅰ）参照。車両から降りないときも手指消毒を行う。区域内専用の靴に履き替える、または、オーバーシューズを着用する。
- 来場者の車両だけでなく、自分の農場の車両の消毒も大切である。とくに、農場外に出た車両が戻ってきたときは徹底する。また、同業者が出入りする場所に行くときは、細心の注意を払う。

(ⅲ) 家畜
- 導入した家畜を消毒し、一定期間隔離された特定の場所で飼育する。よく観察してから区域内に入れる。

(ⅳ) 物品
- 不要なものは持ち込まない。食べ物やスマートフォンも原則持ち込まない。資材や機材などを持ち込むときは消毒する。

③ 区域内から区域外へ出るときに注意すること
（i）人間
- 区域内で行うこと
  区域内専用の服や靴を脱ぎ、区域内専用のロッカーに置く。手指消毒を行う。
- 区域外で行うこと
  区域外専用の服や靴を区域外専用のロッカーから取り出して着用する。
（ii）車両
- 車両全体を消毒する。ボディ、タイヤ、フロアマット、ペダル、ハンドルなどを消毒する（区域内専用のマットや使い捨てのマットを区域外専用のものに替える）。
（iii）生産物・家畜
- 生産物や家畜は消毒を徹底する。家畜の出荷時には、作業員や使用する機材も区域内と区域外で分ける。
（iv）物品
- 資材や機材などを持ち出すときは消毒する。
④ 服や靴で注意すること
  服や靴は、区域内専用と区域外専用に分ける。洗濯・洗浄・消毒はそれぞれの区域で別々に行う。

（4）その他の注意事項 専門級・上級

① 衛生管理記録
  衛生管理に関する記録は1年間保管します。主に記録する内容は次のとおりです。

- 衛生管理区域内に農場の従業員以外の人間や車両が入るとき、「氏名」「住所・所属」「日時」「当日の立寄先」「目的」「消毒の有無」
- 従業員が外国に行くとき、「国・地域」「滞在期間」
- 導入した家畜、出荷・移動した家畜、飼育している家畜
- 獣医師、家畜保健衛生所からの指導内容

② 飼養衛生管理者

飼養衛生管理者は、衛生管理区域ごとに決められた飼養衛生管理に関する責任者です。大規模経営では畜舎ごとに飼養衛生管理者をおきます。

③ 緊急連絡先の徹底

緊急時には、飼養衛生管理者にすぐに連絡が取れるようにします。
家畜伝染病（法定伝染病）が疑われる症状があれば、家畜保健衛生所に連絡します。

④ 埋却場所の確保

経営者は、埋却処理できる場所の確保をしなければなりません。

⑤ 適度な飼育密度の確保

過密状態で飼育することを避け、適度な飼育密度で飼育しましょう。

3 伝染病対策のポイント

（1）伝染病を持ち込まない

① 日本に持ち込まない

日本で発生していない伝染病は、外国から持ち込まないことが重要です。畜産関係者が日本から出国するときや日本に入国するときは、基本的な衛生対策を徹底します。毎日の野鳥などの監視や、日本に持ち込むことができない食品などを確認します。

② 農場（衛生管理区域）に持ち込まない

日本で発生している伝染病であっても、衛生管理区域内に入れないようにすることが大切です。区域内には、人間（従業員、関係者、そのほかの一般の人間・見学者）の出入りの際は消毒や着替えを徹底します。野生動物、野鳥の侵入を防ぎます。なお、衛生管理区域に通じる側構に防護柵を設置するなどの工夫が必要です。

③ 畜舎内に持ち込まない

畜舎は最後の砦です。衛生管理区域内に伝染病が侵入しても、畜舎の中まで侵入しないように、畜舎ごとに消毒や着替えを徹底します。また、壁や金網の点検・修理をしたり、ネットやフィルターを設置して、野外の動物が入らない

❻ 農場の衛生管理

ようにします。飲み水や餌に野生動物の糞などが混ざらないようにします。

フィルター（開口部）

フィルター（入気口）

防護柵（側溝）

> **専門級・上級**
> ○家畜を健康に保つ
> 　伝染病を持ち込まない努力をするとともに、伝染病にかかりにくい家畜を飼育することが重要です。飼育密度など飼育環境を改善することやワクチネーションを適切に行うことにより、体力があり免疫力の高い家畜を飼育します。ワクチンを接種することで避けられる伝染病は、予防接種を計画的に実施します。

（2）伝染病を拡げない

　家畜伝染病対策では、伝染病を拡げないことが大切です。感染したときは家畜を隔離する、場合によっては淘汰する必要があります。とくに、慢性伝染病対策では、伝染病に感染した家畜と、感染していない家畜を分けて飼育します。

（3）伝染病を持ち出さない

　感染した家畜を畜舎外に持ち出すことによって伝染病を拡げないようにすることが大切です。家畜伝染病（法定伝染病）対策では、埋却など最終処分ができる場所を確保しておく必要があります。

4 消毒
（1）消毒器・消毒槽・消毒帯の管理

人間や車両を消毒するとき、次の設備を使用します。

① 車両用消毒ゲート

車両が進入すると、センサーが働き、上下左右から薬液が噴霧され、車両の全体が消毒されます。消毒液の補充や噴霧機械の管理を日常的に行うことが必要です。

② 消毒用噴霧器

車の周囲やタイヤ回り、車内のフロアマット（農場専用マットを用意している農場ではそのマットに交換）を念入りに消毒します。また、車内で病原菌がうつることを防ぐために、消毒薬をしみこませた布などで乗降ステップやペダル、ハンドルなども消毒します。

消毒ゲート

車両消毒

③ 車両用消毒槽

消毒液の中を車両がゆっくりと通過し、主にタイヤを消毒します。消毒液の効果は時間がたつと低下するため、薬液の交換が週に2～3回必要です。また、消毒液の中に泥や砂が混ざると消毒効果が低下するので、清掃も必要です。

④ 踏みこみ消毒槽

消毒液を入れた容器に長靴を15～30秒浸し、消毒を行います。消毒液の効果は時間の経過とともに低下するので、薬液を毎日、新しいものに交換します。とくに、汚れがひどい場合にはその都度、薬液を交換します。消毒薬は糞など

の汚れによって効果が薄れます。そのため、汚れを取り除いてから消毒することが大切です。

踏みこみ消毒槽

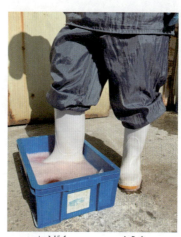
消毒している様子

⑤ 消石灰帯

　農場の出入り口に消石灰の散布による車両用の消毒ゾーンを設置し、車両による病原体の持ち込み・持ち出しを防ぎます。消石灰は強アルカリ性のため、散布するときは防護服やマスク、防護メガネ、ゴム手袋、長靴を着用します。
　消石灰は、定期的に、畜舎の周囲と農場の出入口に地面が白く覆われるように均一に散布します。

（2）消毒薬の使用上の注意事項

　消毒薬を使用する場合には、用法と用量を守ること、消毒薬は使用時に調製することが大切です。とくに、低温時には効果が下がるので注意します。そのほか、消毒薬（原液）は乾燥した暗所に保管すること、ほかの消毒薬や殺虫剤と混用しないこと、取り扱い時には衛生手袋とマスクを着用することを守らなければなりません。
　また、消毒時には防除衣を着用し、消毒液が体にかからないように注意します。もし、体に付着した場合には、水で体をよく洗浄します。

消毒薬の保管

63

専門級・上級
○消毒のポイント

畜舎を清掃するときは、汚れを落としてから消毒を行い、必ず乾燥させることが重要です。

また、石灰は高アルカリ性なので、酸性の消毒薬（ビルコン、塩素、ヨード）と混ざると中和され、効果がなくなります。注意が必要です。

専門級・上級
○消毒液の希釈方法を計算しましょう。

（例）1,000倍液の消毒液を20ℓ作る場合の原液の量の計算

20ℓ = 20,000mℓ

20,000mℓ ÷ 1,000倍 = 20mℓ

防除衣は正しく着ましょう。
防除衣の正しい着用の仕方

消毒液や消石灰の散布は、体に消毒液や消石灰がかからないよう、適切な服装で行います。

帽子、長袖・長ズボンの防除衣、ゴム長靴、マスク、保護メガネ、ゴム手袋を着用します。軍手はぬれるので、使用してはいけません。

防除衣の上着の袖は手袋の上にかぶせ、ズボンの裾は長靴の上にかぶせます。

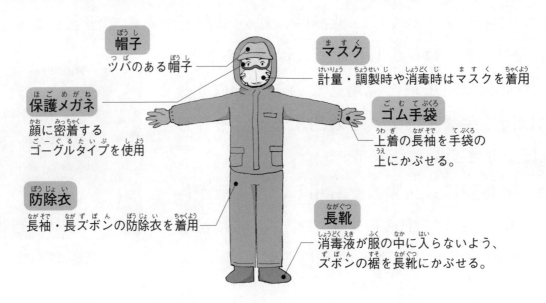

7 農場の安全管理

1 安全な農業機械の使い方

(1) 作業前の準備

機械の操作方法は取り扱い説明書を読むなどして、事前によく理解します。
エンジンの始動の仕方、ブレーキの操作方法、エンジンの止め方を確認します。

(2) 日常点検

日常点検は機械の能力を持続し、機械を長持ちさせ、農作業事故を防ぐことにつながります。

機械の運転前、運転中、運転後に、異常がないか点検します。

点検は、運転中の動作点検以外では、必ずエンジンを停止して行います。運転中の動作点検では、とくに、事故が起こらないように、十分注意が必要です。

(3) 機械操作の注意点

① 機械共通
・機械操作を一時的に中断するときは、必ずエンジンを止めます。
・機械のつまりを除去する作業でも、必ずエンジンを止めます。

② 刈払機（草刈機）　専門級・上級
・安全確保のため、必ず保護具の着用をします。
・刈刃の左側、先端から1/3の部分を使用し、右から左への一方通行で刈り取ります。
・飛散物保護カバーを必ず正しい位置に取り付けます。
・複数で作業する場合は15m以上の間隔をあけます。
・安全に使うために、刈払機メーカーや建設機械の教習所で安全講習の受講をします。

③ 乗用トラクタ 専門級 ・ 上級
・路上を走る場合は、免許が必要です。
・作業後、トラクタに装着した作業機は、洗浄後に取り外すか、地面に降ろしておきます。

（4）無理のない作業計画

疲れると注意力がなくなり、事故が起こりやすくなります。疲れているときの機械作業は危険です。作業の合間には休憩をとります。

急いで作業しようとすると、注意力が足りなくなり、事故が起こりやすくなります。時間と気持ちにゆとりをもって作業します。

（5）安全な服装

機械やベルトに巻きこまれないよう、作業に適した服を着用します。長い髪の毛は束ねる、服から出た糸くずを処理するなどして、機械に巻き込まれないようにします。

（6）作業後の片付け

機械の清掃・洗浄を行います。
機械の整備・修理を行います。
収納場所にきちんと片付けます。
軽油の場合、燃料タンクを満タンにしておきます。
使用記録簿に記録します。

2 電源、燃料油の扱い

(1) 電源の扱い

農業用の電源は交流100ボルトに加え、三相交流200ボルトが多く使われます。200ボルトの電源は乾燥機、モーター、暖房機などに使われます。

配電盤や引き込み線を素手でさわると危険です。とくに、濡れた手で電気プラグを扱うと感電事故につながります。また、電気ヒーターなどの電熱器は適切に取り扱わないと火災の原因となることがあります。電源部分はほこりや汚れによる漏電（トラッキング現象）に気を付けます。

> **専門級・上級**
> ○電源の差込口の違い、三相交流を理解しましょう。
> ○ボルトの違いを理解しましょう。

200ボルトと100ボルトのコンセントの形状

　　三相交流200ボルト　　　　　　　交流100ボルト

三相交流の注意点

・電圧が高いので取り扱いに注意します。また、極相を間違えるとモーターなどが逆回転するので注意が必要です。

(2) 燃料油の種類

農業機械の燃料油には、ガソリン、重油、軽油、灯油、混合油などがあります。機械によって、使う燃料油の種類が違います。

ガソリン	運搬機、非常用発電機など
軽油	トラクタ、ホイールローダーなど
ガソリンとオイルの混合油	草刈り機（2サイクルエンジン）
重油・灯油	温風暖房機など

（3）燃料油を扱うときの注意

- ガソリン、軽油など燃料油の種類を確認し、農業機械に合った燃料油を使います。機械に合わない燃料油の使用は、故障の原因になります。
- 給油は必ずエンジンを止めて行います。
- 給油前に、周囲に火気がないことを確認します。とくに、ガソリンは火がつきやすいので注意します。
- 給油の際、燃料油がタンクからあふれないよう注意します。

（4）燃料の保管 専門級・上級

ガソリンや軽油を入れる容器は、法律で制限されています。
ガソリンは金属製容器で保管します。
ガソリンを灯油用ポリ容器（20ℓ）で保管することは禁止されています。
軽油は30ℓ以下ならプラスチック製容器で保管できます。
保管場所は火気厳禁にし、消火器を設置します。
燃料は、長期間保管すると変質します。機械の故障につながるので、使用してはいけません。機械を長く使用しないときは、ガソリンを抜いておきます。
燃料の保管できる種類と量は、自治体ごとに違うので確認が必要です。

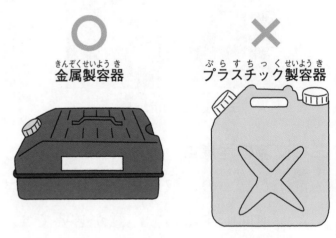

金属製容器 ○ ／ プラスチック製容器 ×

（注意点）圧力を抜いてからキャップを開ける

3 整理・整頓

道具は正しく扱い、保管にも注意します。整理・整頓して片づけるようにし、使用前の点検と使用後の手入れも行います。

確認問題

以下の問題について、
正しい場合は○、間違っている場合は×で答えなさい。

1. 鳥インフルエンザは、日本では発生したことがありません。（　　　）

2. 衛生管理区域内で何か異常なことを見つけたら、
   すぐに飼養衛生管理に関する責任者に知らせます。（　　　）

3. 野鳥やネズミは、畜舎にいても問題はありません。（　　　）

4. 日本に入国したら、1週間は勤務する農場や家畜がいる場所に
   入ることができません。（　　　）

5. 外国から生肉や肉製品を持ち込むことはできません。（　　　）

6. 畜舎に入るときは、必ず作業着に着替えます。（　　　）

7. 従業員が日本から出国するときは、事前に経営者に届出します。
   （　　　）

8. 獣医師や家畜衛生保健所からの指導内容は記録し、10年間保管します。
   （　　　）

9. 作業機械の燃料は全てガソリンです。（　　　）

10. 三相交流200ボルトと交流100ボルトのコンセントは、同じ形状です。
    （　　　）

＝解 答＝

1．×（鳥インフルエンザは、日本国内で毎年発生しています）

2．○

3．×（動物が侵入しないようにフェンスやネットで囲い、
　　　破損箇所は修理します）

4．○

5．○

6．○

7．○

8．×（獣医師や家畜衛生保健所からの指導内容は記録し、1年間保管します）

9．×（ガソリンとオイルの混合油や軽油があるので、
　　　機械に適した燃料を使用します）

10．×（三相交流200ボルトと交流100ボルトのコンセントは違う形状です）

8 管理作業と家畜の観察の要点（実技試験のために）

　毎日の農場での作業の中では、仕事をしながら、次のようなことについて、管理者に教わり、正しい作業の方法を習得したり、鶏の観察をすることが大切です。

初級の実技試験のために必要な知識

・採卵鶏の種類と卵の色の確認
・卵の規格と基準の確認
・健康で元気なひなと元気のないひな
　の見分け方
・エッグトレイの使用方法
・汚卵や割卵による卵の質の判定
・鶏の扱い方

・鶏の消化器官の名称
・幼すう、中すう、成鶏の飼料の確認
・基本的な衛生管理対策の確認
・消毒薬の保管、防除衣の着用
・機械や電源・燃料の取り扱い・安全
　な服装

専門級・上級の実技試験のために必要な知識

・糞の性状の観察
・ひなの発育過程
・給水器と給餌器の見分け方および清
　掃、ニップルドリンカーの高さ調整
・ワクチンの接種方法
・外部寄生虫の防除
・汚染卵、食用にできない卵の選別
・ふ卵器の卵座への種卵のならべ方
・有精卵の見分け方
・ひなの管理室内の温度とひなの集
　合、分散状態の観察

・ビークトリーミングの時期、方法、
　ビークトリーミングを行った鶏の見
　分け方
・採卵鶏の栄養状態や健康状態の調べ
　方（胸筋の観察による方法）
・採卵鶏の産卵のようすの観察
・産卵率、飼料要求率の算出方法の確
　認
・衛生管理対策の確認
・踏みこみ消毒槽の作り方と通過方法
　の確認、消毒薬の保管方法・希釈
・機械の安全点検、電源・燃料の種
　類・保管

9 用語集

育すう ふ化したひなを育てること。

餌 飼料のこと。

餌やり 飼料を家畜に給与すること。

餌喰い たくさん食べているか、少ししか食べていないかの状態。

餌ならし 飼槽のなかの飼料原料のかたよりを直すこと。

餌付け 幼動物に出生後始めて飼料を給与すること。ひなでは飼料を水で練って与える。

換羽 新しい羽根の発育と古い羽根の脱落、入れ換わること。夏の終わりから秋にみられる。採卵鶏では休産が普通。

カンニバリズム 群飼いされている鶏が悪環境や栄養不足の影響を受けて、鶏同士がつつきあいをおこすこと。相手を殺してしまうこともある。

給温 ひなを飼う室内を保温すること。

グリッド 鶏の胃（筋胃）のなかにある穀類をすり潰す小石。

実用鶏 コマーシャル鶏ともいう。産卵性や産肉性の高い鶏種で、一般に普及している鶏。

地鶏 実用鶏のブロイラーとは異なり、その地域の在来品種で、高品質な鶏肉生産を行うために使用される鶏。

就巣性 鶏が産卵した後、卵を抱いてひなをかえす習性のこと。

総排泄腔 糞の出口であるが、鶏では糞、尿、卵、精液が全て総排泄腔から排出される。

とさか 鶏の頭部に皮膚が盛り上がったもの。血液の色が透けて、赤く見える。

ビークトリーミング 鶏の上下のくちばしの1/2を焼き切ること。中すう以降の尻つつきや、食羽などを防ぐために行われる。断嘴・デビークともいう。

パンティング 夏に温度が高くなり、鶏が多呼吸で体温を放散させる状態をいう。

廃鶏 卵をあまり産まなくなったので、加工肉として出荷される採卵鶏。

ペッグオーダー 集団になった鶏は、くちばしで相手をつついたり、高く飛び上がって相手を蹴るなどの攻撃行動をとる。個体間の順位を決める本能的な行動で、社会生活の秩序が保たれる。

密飼い 一定の面積に収容すべき羽数よりも多くの鶏を収容すること。鶏の健康状態に悪影響をおよぼす。